付肇嘉/编著

诗情画意二十四节气

春

中国电影出版社
2018·北京

图书在版编目（CIP）数据

诗情画意二十四节气.春 / 付肇嘉编著. --北京：
中国电影出版社，2017.12
ISBN 978-7-106-04864-8

Ⅰ.①诗… Ⅱ.①付… Ⅲ.①二十四节气-少儿读物
Ⅳ.①P462-49

中国版本图书馆CIP数据核字(2018)第005798号

策　　划：刘爱国
责任编辑：贾　茜　刘爱国
封面设计：刘爱国
版式设计：杨亚菲
责任校对：牛林敬
责任印制：庞敬峰

 诗情画意二十四节气 春 付肇嘉/编著

出版发行　中国电影出版社（北京北三环东路 22 号）邮编100013
　　　　　　电话：64296664（总编室）　64216278（发行部）
　　　　　　64296742（读者服务部）E-mail：cfpygb@126.com
经　　销　新华书店
印　　刷　三河市双升印务有限公司
版　　次　2018年3月第1版　2018年3月第1次印刷
规　　格　开本 / 889×1194毫米　　　1 / 16
　　　　　　印张 / 14.5　　　　　　字数 / 190千字
印　　数　1-10000 册

书　　号　ISBN 978-7-106-04864-8/P・0001
定　　价　128.00元（共4册）

齐齐、晨晨两兄妹生活在黄河中下游的一个小乡村，那里一年四季分明、土壤肥沃。妈妈经常带兄妹俩到田间劳动。妈妈说小孩子就像田间的小苗儿一样，只有时常亲近泥土，才能健康快乐地成长。

一天，齐齐边哼唱节气歌边好奇地问："妈妈，二十四节气是怎么回事啊？"

妈妈想了想，微笑着说："这二十四节气啊，是我们祖先通过观察太阳周年运动，认知一年中时令、气候、物候等变化规律所形成的知识体系和社会实践。"停顿一下，妈妈继续说，"一年有四季，每个季节又分为六个节气，这样一年中就有了二十四个节气。这二十四节气呢，不仅是农业生产的帮手，而且古往今来，也有不少文人墨客有感于节气变化，为此写下了许多不朽的诗篇呢！"

立春

　　不知不觉间，春姑娘已迈着轻盈的脚步来到人间，开始化育万物了。"吃春饼喽！"早饭后，妈妈将贪玩的齐齐和晨晨唤回家中，从厨房里端出香喷喷的春饼，接着又端出一盘切得整整齐齐、清脆可口的萝卜。兄妹俩吃着外酥里嫩的春饼，再咬几口萝卜，以示迎春和祝福。妈妈说，这叫"咬春"。据说咬春不但能够解春困，还能长命百岁呢！

立春
Lichun

每年公历2月3～5日为立春。从立春开始，大地开始解冻，白天越来越长，气温也逐渐回升，寒冷的冬天即将过去，一个生机勃勃、鸟语花香的春天就要到来了，农民伯伯也开始盘算全年农业生产的大事了。

春节

春节是我国民间最隆重、最热闹的一个传统节日，时间在立春前后，即农历正月初一，俗称"过年"。传说为了驱赶一个叫做"年"的怪兽，人们在这一天要放鞭炮、贴春联和福字，因为它最害怕红色了。

贴春字画

妈妈的手可巧了。每年立春这天，她都会用红纸剪成"春"字，还有蜡梅、燕子图，贴在窗子上，妈妈说这叫迎春接福。

游春

游春是立春日古老的游行活动。到了这一天，大街上就会出现打扮成公鸡模样的报春人，抬着巨大春牛形象的队伍，送春桃的大头娃娃……人们边走边舞，游遍大街小巷，场面十分壮观。

❀东风解冻❀

这时节，天气开始变暖。中午阳光一晃（huǎng），冰雪开始融化了，小河里的水夹杂着冰块缓缓流动起来，枯黄了一冬的野草，虽未转青，草根也已变得湿润鲜嫩。东南风拂过，枯树枝也开始变得柔软而富有弹性。

❀蛰（zhé）虫始振❀

酣睡了一冬的青蛙、蛇、松鼠等冬眠的小动物们，也感受到了春的气息，它们懒洋洋地伸伸手脚，挪一挪身体，即将苏醒过来。

❀鱼陟（zhì）负冰❀

鱼陟，就是鱼向上浮。负冰，就是驮着冰或背着冰。立春了，鱼儿们也从水底浮上来，在水面的碎冰间挤来挤去，远远看去，好像在背负着水面的冰块一样。

　　吃过早饭，兄妹俩像往常一样围绕到妈妈身边，妈妈微笑着问："孩子们，你们眼中的春天是什么样子？"齐齐不假思索地说："春天嘛，就是小河解冻，柳树发芽，可以出去踏青、跑步啦！"妈妈笑了。

　　随后，妈妈话锋一转："那你们知道诗人眼里的春天是什么样子吗？""咦？"兄妹俩一脸的好奇。"那就让妈妈和你们一起来欣赏诗人眼里的春天吧！"

元日

王安石（宋）

爆竹声中一岁除，
春风送暖入屠苏。
千门万户曈曈日，
总把新桃换旧符。

诗意

　　噼啪作响的爆竹声，送走了旧年，迎来了新年，孩子们又长一岁啦！和暖的春风扑面而来，人们畅饮着美味的屠苏酒，好不惬意啊！千家万户迎着阳光焕然一新，都在门前换上了新的桃符。

赠范晔

陆凯（南北朝）

折花逢驿使，寄与陇头人。
江南无所有，聊赠一枝春。

诗意

　　我在路边赏花的时候，刚巧碰到了前来送信的驿使。江南的春天到了，我在陇头的朋友啊，也没有什么好送你的，便折一枝梅花寄与你吧！希望这枝梅也能将江南的春意和我的祝福带到你面前。

春雪

韩愈（唐）

新年都未有芳华，二月初惊见草芽。
白雪却嫌春色晚，故穿庭树作飞花。

诗意

已至新年，却还没有感受到春的气息，在这漫漫寒冬中久盼春的我，等得好着急啊！二月里，惊喜地发现草儿萌发了嫩芽。雪儿也等不住了，竟然纷纷扬扬，化作飞花，从庭院的树木中穿过，试图装点春天。

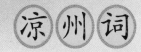

凉州词

王之涣（唐）

黄河远上白云间，一片孤城万仞山。
羌笛何须怨杨柳，春风不度玉门关。

我意欲寻找黄河的源头，它却隐没在了白云之中，仅看见了被群山环绕着的孤独的玉门关。不要吹《折杨柳》这样哀怨的曲子吧！要知道在玉门关这种地方，春风是不会吹到这里来的啊！

雨水

毛毛细雨随风而至，齐齐和晨晨伸手去接屋檐上落下的雨滴，水滴落入热乎乎的掌心，沁着一股凉意，两个孩子兴奋得直跺脚。远远的村道上，草木绿意萌动，空气中流动着清新的泥土气息。妈妈走过来，为兄妹俩披上外套，心疼地说："天气反复无常，小心点，可别着凉了。"

雨水
Yushui

雨水的时间点在每年公历的2月18—20日，这时太阳已到达黄经330度。随着春回大地，气温开始回升，已达到0℃以上，这个时节，春姑娘虽然还像在和大伙儿捉迷藏，但从很多迹象中，已能让人感受到她的存在了。

❀ 撞拜寄 ❀

在我国川西民间，雨水时节这天早上，天刚蒙蒙亮，路边就有一些年轻的母亲，牵着幼小的儿女，在等待第一个从她们面前经过的人。她们在做什么呢？

当第一个人走来，无论男女老少，母亲都会牵着孩子迎上去，让孩子磕头跪拜，认作干爹或干妈。据说这样做可以免除孩子未知的厄运。

❀ 备耕 ❀

每到雨水时节，爸爸就会和许多农民一样，变得忙碌起来：修整农具、耙地、清沟、春灌等，爸爸说："一年之计在于春。"土地是最诚实的，只有将春耕的准备工作做好，接下来的农事才能顺利进行，到了秋天，也才能丰收在望。

獭（tǎ）祭鱼

雨水时节，水獭经常出没在水域，捕到鱼后，便将其咬死放到岸边，一一排列起来，而后才一起吃下肚。水獭的这种行为更像是对大自然怀有很深的敬畏，遂把鱼儿当成了祭品一样，于是古人便称这种现象为"獭祭鱼"。

候雁北

雨水时节，大雁感知到春信，准备飞回北方了。它们在天空中不时地变换着队形，"嘎、嘎、嘎"地叫着，像是在为春的到来吹起了颂扬的号角。

草木萌动

开始落雨了。细雨温润地来到人间，地中阳气上腾，草木开始复苏，天地万物都渐次展露生机。

　　农历正月十五是元宵节，也是一年中第一个月圆的日子，元宵节和雨水节气的时间接近。妈妈说，过了元宵节，这个年就算过完了，新的一年才刚刚开始。齐齐和晨晨可高兴了，因为吃过香甜的元宵，就可以和爸爸妈妈一起到乡镇上去看舞龙舞狮、逛灯会了。

绝句

志南（宋）

古木阴中系短篷，杖藜扶我过桥东。

沾衣欲湿杏花雨，吹面不寒杨柳风。

诗意

在参天古树的浓荫下，我拴好小船，拄着拐杖，欣赏着美丽的春光，走过小桥。阳春三月，杏花怒放，蒙蒙雨丝落在身上，衣裳将湿未湿，微风携着清新的杨柳气息，拂面而过，一点都不觉得冷。

次北固山下

王湾（唐）

客路青山外，行舟绿水前。
潮平两岸阔，风正一帆悬。
海日生残夜，江春入旧年。
乡书何处达，归雁洛阳边。

诗意

　　我乘舟路过青青的北固山，船儿于绿水间行走。潮水上涨，与岸齐平，江面变得更加宽阔了，顺风行船，一叶白帆就像悬挂在高远的江天。一轮红日冲破残夜，从海岸线上升起，旧年尚未过去，江上却已显露春意。不知寄出的家书何时才能送达啊？希望北归的大雁能捎一封家书到洛阳。

咏柳

贺知章（唐）

碧玉妆成一树高，万条垂下绿丝绦。
不知细叶谁裁出，二月春风似剪刀。

诗意

春来了，柳树已抽出嫩芽，千万条柳枝垂落，就像无数条随风舞动的绿丝带。这纤细的柳叶是谁的巧手裁剪出来的呢？原来呀，是二月里温暖的春风，像一把轻灵的剪刀，将春天裁剪成这般美好的模样啊！

春夜喜雨

杜甫（唐）

好雨知时节，当春乃发生。
随风潜入夜，润物细无声。
野径云俱黑，江船火独明。
晓看红湿处，花重锦官城。

诗意

好雨也知道挑选到来的时节，就在这草木萌发的时候姗姗而来，它伴着春风悄然潜入夜幕，无声无息地滋润着万物。浓重的乌云笼罩着田间小路，星星点点的灯火在江畔的渔船上闪烁。拂晓时，再看这些雨后的春景，成都满城该是一派繁花似锦了。

早春

韩愈（唐）

天街小雨润如酥，草色遥看近却无。
最是一年春好处，绝胜烟柳满皇都。

诗意

长安街上，小雨细密而安静地下着，地面上绿茸茸的草儿刚刚转青，远看一片浅绿，待走到近处瞧瞧，那一抹绿却又消失不见了。一年中最好的时节就是这绿意萌动的早春了，它远胜于满城烟柳的暮春。

游园不值

叶绍翁（宋）

应怜屐齿印苍苔，

小扣柴扉久不开。

春色满园关不住，

一枝红杏出墙来。

诗意

　　我扣门已经很久了，却仍没有人来开门，莫不是主人担心我的木屐踩坏了他院子里的青苔？即便如此，满园的春色却是怎么也关不住的，一枝早开的粉红色的杏花早已伸出墙头来。

惊蛰

"轰隆隆！"听到雷声，蛰伏于地下的百虫惊醒过来。天气开始转暖，万物生长，齐齐和晨晨上学路上也变得更加有趣了。他们一会儿蹲下来观察一只伏在叶面上的小甲虫，转而又去追寻一只刚睡醒的青蛙，忽然一只松鼠迅速蹿上树梢，兄妹俩瞪大眼睛，好奇而兴奋地张望着，不知不觉便到了学校。

惊蛰
Jingzhe

每年公历的3月5-7日，就到了惊蛰。春雷始鸣，气温开始大幅度回升，冬眠的小动物们也醒转过来，过冬的虫卵开始孵化。惊蛰时节，阳光明媚，鸟语花香，春光一片大好，春耕也正式开始了。

❀ 春雷响 ❀

"轰隆隆！轰隆隆！"一阵春雷声滚滚而来，正在睡梦中的晨晨被雷声惊醒，一头扎进妈妈怀里，嘤嘤地哭起来。妈妈连说"不怕不怕"，轻轻地拍打着晨晨，"宝贝，春姑娘来了，不信你听！天地间都在列队击鼓欢迎呢！"

❀ 春龙节 ❀

惊蛰前后，有一个重要的传统节日，就是每年阴历二月二的"龙抬头"，又称"春龙节"。我国北方流行在这一天"剃龙头"，也就是理发，据说这样可以使人在一年的生活中更有精气神。

桃始华

"桃之夭夭，灼灼其华。"这时节，桃花开了。一朵朵粉色的花朵在枝头簇拥斗艳，吸引过往行人纷纷驻足观看。

仓庚（gēng）鸣

仓庚，即黄鹂。这个时节，黄鹂鸟也出来散步了。它们迈着轻盈的脚步，在树枝间跳跃，唧唧喳喳地唱个不停，吸引越来越多的鸟儿加入了这个大合唱。

鹰化为鸠（jiū）

鸠即布谷鸟。惊蛰前后，盘桓在天空中的鹰突然不见了，取而代之的是布谷鸟在深山里传来的阵阵叫声，"布谷！布谷！"看到这种现象，古人就困惑了，心想，"难道是鹰变成了布谷鸟吗？"事实上这时的鹰啊，正躲起来哺育少鹰呢！

花朝节

农历二月十五的花朝节，也叫花神节，时间与惊蛰接近。民间认为这天是百花的生日。花朝节前后，人们会根据各地花信迟早，举行盛大的纪念仪式。届时，花神庙前人头攒动；花农挑着盛开的芍药花，沿大街小巷叫卖；姑娘们剪出五色彩纸，粘在花枝上；夜间于花树枝梢挂上"花神灯"；更有青年男女借花相会，以花传情，场景十分浪漫温馨。

　　齐齐和晨晨在窗前读诗。妈妈告诉他们读诗要注意押韵，这样才能读出诗的韵味来。兄妹俩似懂非懂地点点头，互相看了一眼，像有默契似的，开始摇头晃脑地读起来。妈妈瞬间被他们憨态可掬的样子逗笑了。

　　一阵风吹来，送来阵阵花香。春天真的来了呢！

月夜

刘方平（唐）

更深月色半人家，北斗阑干南斗斜。
今夜偏知春气暖，虫声新透绿窗纱。

诗意

　　夜深人静，月光斜照进半边庭院；北斗星和
南斗星斜挂在天际，就要隐落了。今夜早早便感
知到这暖暖的春意，低微唧唧的虫鸣声四起，第
一次透过绿色的窗纱，传到了我的耳畔。

渔歌子

张志和（唐）

西塞山前白鹭飞，桃花流水鳜鱼肥。
青箬笠，绿蓑衣，斜风细雨不须归。

诗意

西塞山前，白鹭袅袅飞上蓝天。河岸边，桃花正竞相开放。清澈的河水中，肥美的鳜鱼欢快地跳跃着。在这如诗如画的景色中，一位老翁头戴青色的箬笠，身披绿色的蓑衣，正在斜风细雨中垂钓，丝毫没有归去的意思。

绝句

杜甫（唐）

两个黄鹂鸣翠柳，一行白鹭上青天。

窗含西岭千秋雪，门泊东吴万里船。

诗意

　　两个黄鹂在翠绿的柳枝间鸣叫，一行白鹭飞上蔚蓝的天空。窗外，可见岷山常年不化的积雪，门外停泊着东吴远道而来的船只。

滁州西涧

韦应物（唐）

独怜幽草涧边生，上有黄鹂深树鸣。
春潮带雨晚来急，野渡无人舟自横。

诗意

　　我在滁州城西的山涧中游玩，独爱这山涧边新生的嫩草，黄鹂在茂密的树丛中婉转地鸣叫。傍晚时分，一场急雨匆匆来去，雨后，溪水大涨，荒郊野渡空无一人，唯有小船被溪水反复冲击着，悠闲地横陈在水面上。

题都城南庄

崔护（唐）

去年今日此门中，人面桃花相映红。
人面不知何处去，桃花依旧笑春风。

诗意

去年今日，就在这扇门里，姑娘美丽的脸庞和窗外的桃花一样娇艳。而今故地重游，姑娘不知去向何处，只有桃花依旧含笑怒放在春风里。

春分

"草长莺飞二月天"！孩子们在野外放风筝。齐齐在风筝上写下天真的祝福语，妹妹双手托住风筝轻轻一扬，齐齐边跑边飞快地倒线，不多时，一只美丽的风筝便悠然地飞上了天空。

春分
Chunfen

每年公历的3月20—21日，为春分。春分时，太阳刚好到达黄经0度，这天昼夜长短平均，正当春季九十日之半，故称"春分"。春分是农民播种的大忙时节，但天气变化无常，时有大风、沙尘等恶劣天气出现。

送春牛

据说人们会在春分这天互相赠送耕牛图。图上印有全年农历节气，或农夫耕田图样，人们每到一家都会说一些有利于农事的吉祥话，互送祝福，期望五谷丰登。

立蛋

"春分到，蛋儿俏。"立蛋是民间一个有趣的游戏。春分这天，孩子们三三两两地聚到一起，看谁先把蛋立起来。

齐齐可聪明了！他选了一个表面光滑、匀称的新鲜鸡蛋，将蛋的大头朝下，待蛋黄渐渐下沉，重心固定后，鸡蛋便能立起来了。

春分三候

一候：元鸟至
二候：雷乃发声
三候：始电

元鸟至

元鸟就是燕子。燕子是春分来、秋分去的候鸟。春分时节，燕子穿着黑色的外套，胸口露出雪白的衬衣，经过长途旅行欢欣归来。

雷乃发声

春分时节，阳气生发，奋力冲破阴气的阻隔，天空发出隆隆的响雷声，有时却看不到闪电，甚至不见落雨，俗语说的"干打雷不下雨"，就是指这种情况。

始电

春分日后，下雨时天空打雷并出现闪电。雷电过后，天朗气清，天地和畅，此时到大自然中走上一走，也是一件十分惬意的事情呢！

午饭时，妈妈端出一盘热气腾腾的汤圆来。妈妈说，这是春分日的古老习俗。吃过香甜可口的汤圆后，妈妈将余下的汤圆用竹签串起，带着一脸好奇的兄妹俩来到田间，将串好的汤圆放到地垄间。妈妈说汤圆可以黏住鸟雀的嘴，这样它们就没法子再偷吃庄稼了。

春日田家

宋琬（清）

野田黄雀自为群，山叟相过话旧闻。
夜半饭牛呼妇起，明朝种树是春分。

诗意

村外田野上，黄雀三三两两地正在觅食，山村老汉迎面遇见，停下来聊起了陈年往事；夜半时分，老汉出去喂牛，归来后，顺便叫醒老伴，和她商量明日春分种树的事情。

钱塘湖春行

白居易（唐）

孤山寺北贾亭西，水面初平云脚低。

几处早莺争暖树，谁家新燕啄春泥。

乱花渐欲迷人眼，浅草才能没马蹄。

最爱湖东行不足，绿杨阴里白沙堤。

诗意

　　我漫步在西湖岸边，从孤山寺的北面到贾公亭的西面，湖水初长与岸持平，云气低垂接地。几只早莺正在争抢向阳的暖树，燕子衔泥筑巢。五颜六色的花儿渐渐使人眼花缭乱，青草刚能遮住马蹄。湖东的景色怎么看也看不够，尤其是这绿杨成荫的白沙堤。

村居

高鼎（清）

草长莺飞二月天，
拂堤杨柳醉春烟。
儿童散学归来早，
忙趁东风放纸鸢。

诗意

农历二月，青草已然萌发，黄莺时而欢叫着于村中掠过。柳枝绿意朦胧，随风舞动，像春姑娘温柔的手抚摸着堤岸。村里的孩子们放学后，飞一般地往家跑，原来他们是想趁着东风，好把风筝送上蓝天呢！

宿新市徐公店

杨万里（宋）

篱落疏疏一径深，树头花落未成阴。
儿童急走追黄蝶，飞入菜花无处寻。

诗意

篱笆稀稀落落，一条小路伸向远方。树上的花儿纷纷飘落，嫩绿的叶子刚刚舒展，却尚未形成绿荫。一个小孩飞跑着在追一只黄色的蝴蝶，可转眼间，蝴蝶便飞入一片金色的菜花丛中，到哪里去寻找呢？

黄鹤楼送孟浩然之广陵

李白（唐）

故人西辞黄鹤楼，烟花三月下扬州。
孤帆远影碧空尽，唯见长江天际流。

诗意

　　老朋友在黄鹤楼潇洒地向我挥手告别，在阳光明媚、繁花似锦的三月，他将要去扬州远游了。我目送着船帆渐行渐远，最后消失在水天相接处，待回过神来才恍然发觉，只剩下眼前这滔滔江水滚滚地向天边流去。

社日

王驾（唐）

鹅湖山下稻粱肥，
豚栅鸡栖半掩扉。
桑柘影斜春社散，
家家扶得醉人归。

诗意

　　鹅湖山下，庄稼长势喜人，家家户户，猪肥鸡壮，门扉半掩。桑树、柘树的影子渐长，天色将晚，春社的欢宴逐渐散去，喝醉的人们在家人的搀扶下，高高兴兴地回家了。

清明是祭祖扫墓的日子。兄妹俩和爸爸一同去扫墓。爸爸将坟墓上的杂草清理干净，培上新土，将准备好的祭品在坟前摆放整齐，烧过纸钱，便叩头行礼祭拜，以示对已故亲人的哀思。归来时，爸爸将柳枝编成环状，给晨晨戴在头上，又将柳枝插在自家门楣上，据说这样做不但可以驱虫，还能避邪呢！

清明

清明
Qingming

每年公历4月5—6日，太阳到达黄经15度，为清明。清明前后，阳气日盛，天地之间，纤云四卷，草木萌动，降雨增多。清明不但是春耕春种的好时节，种植树苗的成活率也很高，因此，也有人称清明节为"植树节"。

种瓜点豆

清明时节，播种机在地里"哒哒哒"地响着，人们开始播种棉花、瓜类、豆类等作物。中午的时候，兄妹俩去田里给爸爸送饭，爸爸打开食盒，一阵香气扑来，清蒸排骨、肉片春笋……妈妈的手艺真不错！

寒食节

寒食节在清明节前一两日。寒食节这一天要禁烟火，只吃冷食，据说是为了纪念春秋时期晋国的功臣义士介子推，他不愿出山与小人为伍，宁愿被烧死，也不肯出山为官。

后来为纪念介子推，寒食节这天，家家户户用面粉和着枣泥，做成燕子模样，用柳条穿起，挂到门楣上，那燕子就叫"子推燕"。

寒食节绵延两千余年，由于与清明节离得很近，二节渐渐融合，成为今天的清明节。

桐始华

清明前后，梧桐花竞相开放，白中带粉，粉中带紫，一团团、一簇簇，在蓝天白云的衬托下，十分好看。

田鼠化为鴽（rú）

鴽，古书上指像鸽子一样的小鸟。清明时节，阳光刺眼，田鼠开始躲到洞穴里不肯出来，而就在此时，喜爱光明的鴽却出现在阳光下，引起了古人的误解，还以为是田鼠变成了鴽呢！

虹始见

清明时节多雨，雨过天晴后，天空中开始出现七色彩虹：赤、橙、黄、绿、青、蓝、紫，将天空装点得可好看了！雨后，孩子们纷纷跑出去欣喜地观看。

"荡秋千喽！"妈妈忙里偷闲，在后院用两根绳索和踏板，做了一个既结实又简易的秋千。兄妹俩紧挨着坐上去，妈妈在后面轻轻一推，秋千便悠悠地荡了起来；再一推，耳边响起呼呼的风声；又一推，兄妹俩发出一阵惊呼，秋千荡得好高啊，仿佛一伸手就能碰到云朵啦！

清明

杜牧（唐）

清明时节雨纷纷，路上行人欲断魂。

借问酒家何处有，牧童遥指杏花村。

诗意

清明时节，细雨纷纷，路上远行的人心情有些落寞，如丢了魂一般。何不找个酒家，喝点酒暖暖身体，消消心头的愁苦再赶路呢？于是向人询问哪里才有酒家，牧童笑而不答，向远处杏花村的方向指了指。

春晓

孟浩然（唐）

春眠不觉晓，处处闻啼鸟。
夜来风雨声，花落知多少。

诗意

春日里我美美地睡了一觉，不知不觉天已经大亮了，人还未全然醒来，就听见窗外到处都是鸟儿清脆的啼叫声。回想起昨夜恍惚听到阵阵风吹雨打声，也不知道又有多少美丽的花儿被吹落下来了。

归园田居

陶渊明（东晋）

种豆南山下，草盛豆苗稀。
晨兴理荒秽，带月荷锄归。
道狭草木长，夕露沾我衣。
衣沾不足惜，但使愿无违。

诗意

　　我在南山脚下种了几垄豆子，杂草长得实在太快了，几乎一夜之间便覆住了豆苗。于是我一大早便到地里去除草，直忙到傍晚月亮升起来，才扛起锄头往家走。道路狭窄，草木丛生，晚露打湿了我的衣裤，这又算得了什么，只要能像这样按自己的心意生活下去，我就心满意足了。

天净沙·春

白朴（元）

春山暖日和风，阑干楼阁帘栊，杨柳秋千院中。

啼莺舞燕，小桥流水飞红。

诗意

　　山绿了，阳光暖了，和煦的春风吹起来了。楼阁上少女凭栏眺望，高卷起帘栊。院子里杨柳依依，秋千轻摇；院外春燕飞舞，黄莺啼啭，小桥之下流水潺潺，落花飞红。

"走谷雨去喽！"据说谷雨这天，无论男女老少，都要到野外去走上一圈，与大自然融为一体，寓意为强身健体。齐齐欢快地跑到前面，晨晨喊着哥哥，紧随其后。杨花、柳絮开始一朵一朵地出现在天空中，兄妹俩立即放慢脚步，用手轻轻去接，心里欢喜极了。

谷雨

谷雨
Guyu

谷雨时间点在每年公历的4月19—21日，是春季里最后一个节气。谷雨的到来意味着寒潮天气基本结束，气温攀升速度加快。"雨生百谷"。时至谷雨，降雨量开始增多，此时的降雨对于农作物生长十分重要。

❀ 栽早秧 ❀

"谷雨栽早秧，季节正相当。"谷雨时节，田里到处可见忙碌的身影。人们在田里忙着播种、移苗。爸爸更是少有余闲，他正在菜地里移栽红薯苗，忙得不亦乐乎。

❀ 吃香椿 ❀

这时节，北方的人们若从香椿树下走过，就能闻到一阵清香，原来是香椿树萌发了嫩芽。香椿芽可以用来包饺子、炒鸡蛋吃，不但味道鲜美，还有健胃理气的功效呢！

❀ 牡丹花开 ❀

牡丹又名富贵花，被誉为"花中之王"。谷雨时节，牡丹花开，因此牡丹花又被称为谷雨花。洛阳城素有"千年帝都，牡丹花城"之美誉。

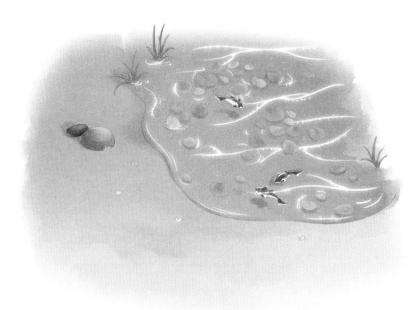

❦ 萍始生 ❧

萍，即指浮萍。随着雨量增多，池沼里面的水温升高，养分增多，浮萍很喜爱这样的环境，便抽出了宽大的叶片，鸟儿一见，便轻轻落到上面休息。

❦ 鸣鸠（jiū）拂其羽 ❧

鸣鸠，即斑鸠。斑鸠在这个时节，经常早早地唤人们起床劳作。斑鸠不但勤勉，还是一种很爱干净、爱美的鸟，时常在树枝上专注地梳理自己的羽毛。

❦ 戴胜降于桑 ❧

戴胜又称鸡冠鸟，头顶五彩羽毛，嘴巴尖长细窄，羽纹错落有致，长相十分独特、抢眼。这时节，象征着祥和与快乐的戴胜鸟，开始在桑树或麻树上走来走去，一步一啄，有如耕地，像是在提醒人们赶紧下地，莫误农时。

草地上，五颜六色的野花儿如繁星般点缀其间，十分美丽。

妈妈正在草地上和孩子们做游戏。她圈出一块空地，将一些诗句藏在树洞里、花蕊中、草叶间。

妈妈说，找到诗句最多的人可获得她亲手编织的花环。

齐齐赢了！他戴上花环，十分得意，可转头看见妹妹可怜巴巴的样子，又有些不忍，便答应给她也戴一会儿，妹妹终于破涕为笑了。

江南春

杜牧（唐）

千里莺啼绿映红，水村山郭酒旗风。
南朝四百八十寺，多少楼台烟雨中。

诗意

暮春时节，到处莺啼燕舞，花红柳绿，千里江南，春光一片大好。无论是水乡，还是山城，酒旗随处可见，迎风招展。昔日南朝遗留下来的这四百八十多座香烟缭绕的古寺，如今多少亭台楼阁，都沧桑地矗立在这朦胧的烟雨之中啊！

游子吟

孟郊（唐）

慈母手中线，游子身上衣。

临行密密缝，意恐迟迟归。

谁言寸草心，报得三春晖。

诗意

　　就要离家远行，母亲正穿针引线地为我缝制衣裳。她是担心我迟迟不归，衣服穿破了没人缝补，所以针脚才压得这么密实吧？你看那小草在阳光下茂盛地生长着，我们做儿女的也像这小草一样，在母亲的呵护下一天天长大，然而母爱如此伟大，儿女的那点孝心怎能报答母亲的养育之恩呢？

晚春

韩愈（唐）

草树知春不久归，百般红紫斗芳菲。

杨花榆荚无才思，惟解漫天作雪飞。

诗意

　　花草树木好像知道春天就要过去了，为留住春的脚步，它们都争相将最灿烂的自己展现出来，就连朴素无华的杨花和榆钱也凑热闹似的，如漫天飞雪般，随风起舞。

庭前的芍药开得妖娆艳丽，但格调不高；池塘中的荷花开得素净清雅，却缺少热情。什么花才堪称完美呢？只有牡丹才是真正的国色天香，到了花开时引得无数人前来欣赏，甚至轰动了整个长安城。

赏牡丹

刘禹锡（唐）

庭前芍药妖无格，
池上芙蕖净少情。
唯有牡丹真国色，
花开时节动京城。